从前我们都是星尘吗
——太空探索趣味问答

[英]玛吉·阿德林-波科克
（Dr Maggie Aderin-Pocock）著

[西班牙]切伦·埃西哈
（Chelen Écija）绘

王燕平　译

上海科学技术出版社

目　录

作者简介

　　读者朋友，你好！我是玛吉博士，也是一名空间科学家。我始终怀揣着一份热忱，渴望将浩瀚太空的奥秘与空间探索的非凡成就，如数家珍般与你共享。最重要的是，我喜欢回答那些关于宇宙的问题。在这本书中，我精心挑选并收录了自己历来较为喜欢的一些问题，比如，掉进黑洞后会发生什么，动物能和我们一起到外星上生活吗，等等。我衷心希望，你会喜欢阅读这些有趣的内容。让我们一起，在探索宇宙的旅途中，携手前行，共享那份对未知的渴望与惊喜吧！

玛吉·阿德林－波科克

Maggie Aderin-Pocock

怎样阅读本书

阅读本书，你不用按照既定的顺序，可以随心所欲地翻到任意一页，挑选最吸引你的问题深入探索。为了更好地组织内容，我将全书精心划分为三大篇章，旨在引领你逐步揭开宇宙的神秘面纱。

在第一章，我们启程前往太空深处，认识宇宙中的那些巨无霸——黑洞、星云等，并遨游于宇宙的遥远角落，感受宇宙那份浩瀚与无垠。

在第二章，我们来到离地球家园更近的地方，踏上一场精彩纷呈的太阳系之旅。在这里，你将近距离接触那些围绕太阳旋转的行星、卫星，以及它们各自独特的风景与故事。

在第三章，我们将一同回顾人类探索宇宙的辉煌历程，从最初的梦想起飞到如今的深空探测，再展望未来，想象人类如何在宇宙中迈出更远的步伐，开启更加精彩的宇宙之旅。

你在整本书中都能看到我的身影，还有我的机器人助手IQ（IQ是英文单词Interesting Question的缩写，意思是"有趣的问题"），它会随时帮我揭开那些问题的科学面纱。

还要记得关注本书中的以下内容：

 **在家试一试**——这部分内容你可以在家动手尝试，这样能对问题探索得更深入。

 **趣味天文学**——这部分主要介绍跟当前页面主题相关的一些有趣的附加内容。

第一章
宇宙的秘密

宇宙是万物的总和，囊括了广袤无垠的空间，以及其中存在的一切事物，比如，深邃莫测的黑洞，长久闪耀的恒星，璀璨夺目的星系，缥缈如烟的星云。我们赖以生存的独特地球，不过是宇宙中微小的一点。在本章，我们将视角拉远至那遥远而神秘的宇宙深处，追溯宇宙诞生的奥秘，欣赏宇宙中的那些奇异现象。

宇宙真的始于大爆炸吗

关于宇宙是如何起源的，有好几种不同的理论。但跟我们所能看到的一切最吻合的理论，叫作大爆炸理论。这个理论的构思，源于美国天文学家埃德温·哈勃的工作。20世纪20年代，哈勃用当时最大的望远镜观测深空。

特别的恒星

哈勃对一类名叫造父变星的恒星进行观察。这些恒星很不寻常，它们会在一段时期里忽明忽暗。根据恒星从亮变暗的速度，我们就能知道恒星到底有多亮。知道了它有多亮，就能算出它离我们有多远。

哈勃发现，在他所能看到的恒星中，其实有很多距离我们非常遥远，有些恒星甚至位于其他星系中。这真是令人难以置信，因为在那个年代，人们认为银河系是宇宙中唯一的星系。

科学家们认为，宇宙已经138亿岁了。真是过了好多次生日啊！

时间倒流

哈勃注意到，大多数恒星和星系都在离地球远去。如果现在一切都在远离我们，那意味着宇宙中的一切在以前都离得较近。如果回到时间的起点，整个宇宙就会被压成一个非常小的"点"。

人们认为，这个"点"突然发生了膨胀，这就是大爆炸。爆炸创造出空间、时间和能量，我们将这一切称作宇宙。

 ## 在家试一试

找一个还没有充气的气球，用记号笔在上面画一些星星。往气球里吹气，你会注意到，在这个过程中，星星开始彼此远离。这跟宇宙膨胀时天体彼此远离的情景类似。如果你把气球里的气放掉，就好像在让时间倒流。这时，你会看到星星们彼此相互聚拢。

宇宙究竟有多大

我们并不确定宇宙到底有多大。它可能会永远膨胀下去。但我们可以测量地球上能看到的那部分宇宙有多大，也就是所谓的"可观测宇宙"。

远古的光

我们知道，宇宙形成于大约 138 亿年前，很可能始于一场大爆炸。因为光抵达我们这里需要时间，所以我们只能看到那些朝着地球行进了不多于 138 亿年的光。因此，你可以把可观测宇宙想象成地球周围一个巨大的泡泡，这个泡泡的半径是 138 亿光年，即其直径是 276 亿光年。1 光年是光在 1 年时间里经过的路程，将近 10 万亿千米。光确实超级快！

这张图展示的是大爆炸之后遗留下来的辐射在宇宙中的分布情况

正在膨胀的宇宙

然而，大爆炸发生以来，宇宙一直在膨胀。也就是说，今天我们在可观测宇宙的边缘看到一个天体发出的光，与光离开天体向我们行进的那个时候相比，其位置实际上又远了很多。

一旦我们把这种膨胀考虑在内，可观测宇宙就会变得更大。如果以地球为中心，可观测宇宙的半径为 465 亿光年，即直径为 930 亿光年。很难想象那是多么巨大的一个球，如果你把可观测宇宙想象成一个体育场，那地球就相当于体育场地面上一个微小的细菌。

 趣味天文学

可观测宇宙的边缘并非宇宙的尽头。我们不知道可观测宇宙之外有什么，因为那里的光还没抵达地球，所以我们看不见。但是，可观测宇宙还会持续变大。

关于恒星的几个小问题

恒星从哪里来

恒星形成于一片云中。这种云名为星云，是由尘埃和气体组成的。星云通常温度比较低，很稳定，但如果受到扰动，星云内的物质就会在引力作用下聚集起来。这会导致星云发生坍缩，随之而来的是，中心的物质开始升温，更多尘埃和气体向炽热的核心周围聚集。如果核心温度足够高，足以发生聚变，就会诞生一颗新的恒星。

我能摸一下恒星吗

恒星是由气体组成的球形天体，所以它们并没有一个固体表面能让你摸一下。即使你能靠近一颗恒星，你也不会想在那里待太久，因为恒星非常热。离我们最近的恒星是太阳，它的核心温度是 1 500 万摄氏度！这比厨房烤箱的最高温度还要高 5 万倍左右。

恒星白天去哪儿了

晚上你能看到的那些恒星，白天也还在天上。你看不见它们，是因为天空太亮了。白天，我们所在的地方是地球朝着太阳的那一面，太阳是离地球最近的恒星，也是天空中最亮的天体。到了晚上，我们所在的地方成了地球背对着太阳的那一面，阳光消失，天空变黑了，我们就能看到其他恒星了。

飞到最近的恒星要多久

虽然太阳是离我们地球最近的恒星，但是它离我们还是很远——平均距离是 1.49 亿千米。如果一艘火箭以国际空间站的运行速度（28 000 千米／时）飞行，到达太阳需要 222 天，也就是将近 8 个月。

除太阳外，离我们最近的恒星是比邻星，它离我们大约 40 万亿千米远。即使我们借助目前的空间技术把速度提到最快——大约 17 千米／秒，到达比邻星也需要大约 75 000 年。

从前我们都是星尘吗

这个问题有一个令人惊奇的答案："是的！"我们每个人都来自星尘。此外，这本书的书页来自星尘，你坐的椅子和脚下的地板也来自星尘。宇宙中几乎所有东西最初都来自恒星。想弄明白这是怎么回事，我们得先来看看恒星内部的情况。

聚变

每颗恒星的中心都在发生一种名为聚变的过程。之所以发生聚变，是因为恒星中心存在巨大的压力和极高的温度。在这样的条件下，构成恒星的元素的原子会被紧紧挤压到一起，形成新的元素。这些元素包括氧、碳和铁，我们人体内也有这些元素。恒星越大，能生成的元素就越多。在恒星生命末期，里面的元素分布是一层一层的。

氢
氦
碳
氧
硅
铁

一颗大恒星内部的元素分层

来自一次爆发

那么，恒星中心的那些元素最终是怎么来到我们身体里的呢？简单地说，它们是在恒星死亡时被释放出来的。

就像动物一样，恒星也有自己的生命周期——诞生、存活，最终死亡。在恒星的生命过程中，存在一种平衡——向内的引力与核聚变产生的向外的推力之间的平衡。

最终，恒星会耗尽聚变所需的燃料。当这种情况发生在一颗非常大的恒星上时，引力占据主导，恒星就会迅速坍缩。这会导致压力和温度达到峰值，恒星内部会由此形成较重的元素，例如金和银。之后，轰的一声，恒星发生了超新星爆发。

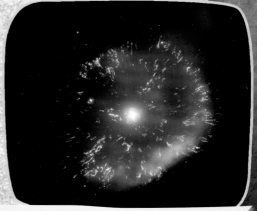

一颗爆发的恒星

从星尘到人类

当发生超新星爆发时，恒星的外层物质会被抛射到宇宙空间中，形成一片巨大的气体云。新的恒星会在这些气体云中形成。新恒星会和之前的恒星一样，经历同样的生命周期，死亡时将更多元素释放到气体云中。

气体云中的物质经过漫长的冷却和凝聚过程，逐渐形成了微小的颗粒，这些颗粒就是星尘的主要组成部分。过去几十亿年间，来自星尘的那些元素结合起来，形成了气体和矿物质之类的物质，这些物质又形成更多的东西，例如行星、水以及生命所需的其他成分。有了这些物质基础后，最终人类诞生了！

恒星能变成行星吗

有可能。宇宙中有一类天体叫褐矮星，其特征介于恒星与行星之间。褐矮星的一生会经历一些不同寻常的变化，让它从类似恒星的天体变成类似行星的天体。

要想理解这个过程，我们先来看看恒星与行星之间有什么区别。恒星中心有聚变过程，所以恒星会产生能量，发出光和其他辐射。而行星自身不发光，通常绕着恒星运行。

褐矮星比行星大，但没有恒星那么大。因为褐矮星比普通的恒星小，所以它的核心没有足够的温度和压力来进行聚变。

褐矮星诞生时，会以极快的速度消耗掉那些能产生能量的燃料，然后走向灭亡。没有了燃料，褐矮星就没法进行任何形式的聚变，没法成为一颗恒星。现在，它更像一颗行星，因为它自身不发光。

一颗褐矮星

行星为什么是圆的

　　行星之所以是圆的，是因为引力以及引力的作用方式。要理解这一点，我们先从观察肥皂泡开始。如果你曾经吹过肥皂泡，你会注意到，轻轻摇晃几下，泡泡会自然地变圆，或者说变成"球体"。这是因为你吹肥皂泡时，会把一小部分空气封在一层肥皂薄膜里。

　　构成肥皂薄膜的所有分子彼此吸引，收缩形成一个最小、最紧密的形体——球体。

　　与此类似，天体中心的引力也非常强，强到足以把大多数行星拉成球体。在行星的形成过程中，引力把构成行星的碎片往中心拉。就像你自行车车轮上的辐条一样，引力始终指向中心。由于这个力在各个方向上都均衡，行星就被拉成了球体。

　　但是，如果一个天体的直径不到 20 千米，那么天体中心的引力就没那么强，不足以把所有物质均匀地拉向中心。所以，像小行星之类的小天体，形状经常是不规则的。

什么是黑洞

黑洞是宇宙中最奇怪的天体之一，它们是一种拥有巨大质量的天体。质量是指某种东西所含物质的量。天体的质量越大，引力就越大。黑洞之所以叫黑洞，就是因为它们的引力非常大，大到连光都无法从中逃脱。让我们凑近看看……小心别被吸进去！

一应俱全

黑洞有不同的尺寸。科学家认为存在微型黑洞，它们非常小，但质量却比一座山还大。

再大一些的黑洞被称为恒星级黑洞，它们的质量是太阳质量的3～10倍。太阳的直径是130万千米，而恒星级黑洞的直径只有30千米。

最大的一类黑洞是超大质量黑洞。它们的质量可能是太阳质量的数百万倍，甚至数十亿倍。在银河系中心，就有一个超大质量黑洞。其他星系的中心也有超大质量黑洞。

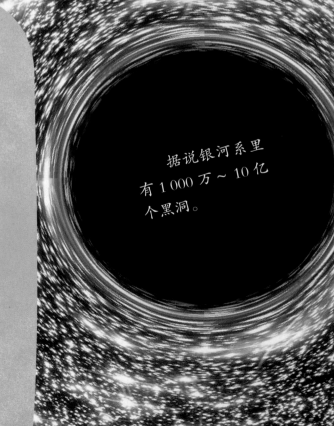

据说银河系里有1 000万～10亿个黑洞。

不再发光的恒星

科学家并不确定超大质量黑洞是如何形成的，但恒星级黑洞是在恒星生命结束时聚变燃料被耗尽产生的。

聚变过程中，原子被挤压到一起，形成新的元素，并辐射出能量。用阿尔伯特·爱因斯坦的质能方程 $E = mc^2$，可描述这个过程。辐射使恒星发光，并向外产生强大的推力。与此同时，向内的引力使恒星的物质凝聚在一起。

当恒星耗尽了聚变所需的燃料，引力就会变得势不可挡，恒星会向内坍缩。有时，它会留下一个致密的核，那就是黑洞。

 ## 很难被发现

没有光线能够离开黑洞，所以黑洞很难被发现。尽管我们看不到黑洞，却能看到它们对其他事物产生的影响。我们能看到恒星绕黑洞运行，甚至在黑洞周围徘徊。如果一颗恒星离黑洞太近，它就会被吸进去。当一颗恒星被黑洞撕碎时，它会持续发出辐射，这些辐射是我们可以探测到的。

恒星正在被黑洞吞噬（示意图）

掉进黑洞后会发生什么

如果你掉进黑洞里，那可不是一件愉快的事。你可能以为自己会在一秒内被碾碎或被炸飞，但事实上，情况会比这更诡异。

越来越近

越靠近黑洞，你会越强烈地感受到黑洞巨大的引力。有去无回的那个位置，被称为"事件视界"。那是一个假想的围绕黑洞的球面。一旦你越过事件视界，巨大的引力会让你无法逃脱。当你朝着黑洞中心前进时，物理定律完全失效，一切都变得愈发奇怪，比如，因为黑洞引力极大，时间变慢了。

拉面效应

当你掉进黑洞时，你身体的每个部分都能感受到黑洞巨大的引力，但如果你的脚先掉进黑洞，那你脚趾受到的引力会比头部受到的引力大。也就是说，你会被拉长，变得像一根长长的面条（太痛苦了）。最早描述这个过程的天文学家是马丁·里斯爵士，他把这个过程称作"拉面效应"。

黑洞的外观（示意图）

趣味天文学

这一切听起来很可怕，不过，别担心。除非你特意去造访黑洞，否则你是不可能掉进去的。离太阳最近的黑洞也在 1 500 光年外——太远了，根本不会对我们有任何影响。我们的太阳比较小，它不会变成黑洞，所以我们在地球上很安全。

宇宙中的云是什么

我们用大望远镜观察太空时，会看到不少令人难以置信的东西，其中包括巨大的云。这些云是星云，是由尘埃、气体（主要是氢气和氦气）以及古老恒星的残骸组成的。你用望远镜观察星云时，实际呈现出的颜色是灰色的。只有借助望远镜进行长时间曝光拍摄，捕捉到足够多的光线，你才能在照片上看到它们令人惊叹的色彩，星云真正的美丽才会显露出来。

又大又轻

星云非常大。已知最大的星云是狼蛛星云，它的最长跨度有1800光年。换句话说，光从这片星云的一边传播到另一边，需要1800年的时间。

不过，星云虽然很大，密度却很小。也就是说，相对于它们的体积来说，它们的质量并不大。例如，一片跟地球差不多大的星云，质量只有几千克。

一些星云是由大质量恒星坍缩时释放到空间中的物质形成的。

距离最近的星云

借助大望远镜，我们可以看到不同形状和大小的星云。离地球最近的星云是螺旋星云，它位于 650 光年外。

螺旋星云是一个行星状星云。行星状星云跟行星并没有什么关系，它们是恒星死亡后留下的残骸。50 亿年后，太阳死亡后，也会变成行星状星云。

螺旋星云

太空中由星云组成的区域被称为恒星托儿所。新的恒星就是在这些星云中诞生的。

星云深处

韦布空间望远镜于 2021 年发射升空，它或许能够让我们更好地了解星云。这台特殊的望远镜可以接收到星云深处的红外光，使我们看到星云中心有什么。

有像地球的其他行星吗

在太阳系中，有两颗行星在某些方面跟地球相似——它们是离我们最近的邻居：金星和火星。如果我们把目光投向太阳系外，也会发现其他与地球非常类似的行星，它们围绕着其他遥远的恒星运行。

金星

金星有时被称作地球的孪生兄弟，因为它和地球在大小、质量和结构上都很相似。它们都有大气层，但相似之处也就这么多了。

金星的大气层非常厚——比地球的大气层厚100倍，再加上它离太阳很近，所以金星表面的温度非常高，足以把铅熔化掉。

火星

在某些方面，火星也被认为跟地球非常相似。虽然火星比地球小，但它的结构跟地球相似——最内部是核，中间是幔，最外层是壳。火星也跟地球一样有极地冰盖。

火星现在的大气层很薄，但有证据表明，在过去，这颗红色星球的大气层更厚，而且表面曾有水流过。

系外行星

如果我们把搜寻范围扩大到太阳系外，就会发现有一些行星绕着恒星运行，这些行星被称为系外行星。一些系外行星在大小方面跟地球类似。在少数情况下，我们能获得系外行星大气层的相关信息，结果发现有些行星的大气层中也含有水蒸气。

系外行星可能的样子

可能存在外星生命吗

　　我认为有可能，但搜寻范围要扩大到系外行星。有一艘名叫盖亚的探测器一直在观测银河系，并发现银河系中有大约3 000亿颗恒星。随着技术进步，我们也发现了绕着这些恒星运行的一些系外行星。迄今为止，新发现的系外行星的数量已经超过了5 000颗，这一数量还在持续增加。

 寻找水

　　新技术使我们能够研究系外行星，并探测它们大气中的化学物质。

　　地球上所有生命的共同点之一，是需要液态水。令人兴奋的是，科学家在一些系外行星的大气中发现了水蒸气。这意味着，在离地球数十亿千米远的系外行星上，有可能存在生命。

聚沙成塔

　　我非常确定其他形式的生命一定存在，因为系外行星的数量很多。随着技术进步，人们发现的系外行星越来越多。如果银河系中每颗恒星周围都有至少两颗行星，那么整个银河系中至少有 6 000 亿颗行星。并不是所有行星都适合生命存活，但其中一些还是可能适合的。

　　银河系是宇宙中 2 000 亿个星系中的一员。在我看来，宇宙中有这么多恒星和行星，生命怎么会只在地球上出现呢？

趣味天文学

　　如果遇到一个外星人，我会试着寻找我们的共同点。外星人听不懂地球上人类的语言，但整个宇宙的物理规律似乎都是一样的——所以外星人没准懂数学。如果我们以数学为起点，也许能找到合适的方式来进行交流。

外星人长什么样

我喜欢这个问题，因为我真的希望有外星人！但简短的回答是，我们不知道外星人是否存在，更不知道他们长什么样。这听起来令人失望，但我们可以一起看看地球生命的相关知识，从而推断外星生命的可能长相。

地球上的生命

地球是宇宙中唯一已知存在生命的行星。在地球上，我们已经发现了 1 500 多万种不同的物种，还不断有新的生命形式被发现。地球上有会飞的生物，有会游泳的生物，也有在陆地上行走的生物。地球上还有种类繁多的植物，小到苔藓，大到参天大树。

不可思议的适应性

决定一种生命长相的主要因素，似乎是它所处的环境。比如，鱼长了鳃，这样它们就可以在水里自如地呼吸；长颈鹿有长长的脖子，所以能吃到金合欢树顶上那些美味的叶子。

外星世界

综上所述，我们虽然不知道外星人是否存在，但如果真有外星人，我们也许能通过观察他们生活的星球来推测他们的模样。随着我们越来越深入地探索太空，我们发现了越来越多的行星和卫星，有极其寒冷的，有干燥且布满尘土的，它们都有着独一无二的环境。

宇宙中有各种各样的行星，有很多潜在的、尚未探明的环境，所以我认为，大多数外星人看起来会跟人类很不一样，除非他们生活在一个跟地球类似的行星上，并且该行星围绕的恒星也像太阳这样。

什么是银河

选一个晴朗无云的夜晚，远离路灯和其他光污染，抬头仰望，你可能会看到一条由很多恒星组成的朦胧光带。你所看到的，就是银河系的一部分。银河系里大约有 3 000 亿颗恒星，我们在地球上用肉眼能看到其中的 6 000 颗。

几千年来，世界各地的人们都看到了这条光带，并给它起了各种各样的名字。非洲南部卡拉哈里沙漠的昆族人称它是黑夜的脊骨；而在中国，它被称作银河。在许多欧洲文化中，它被称为乳汁之路（Milky Way）。这个名字可以追溯到古希腊人，他们认为银河中的那一大片星星看起来像是天神的乳汁，他们将其命名为 via lactea，"银河"的英文"Milky Way"就由此而来。

还有其他星系吗

绝对有！事实上，天文学家认为，宇宙中可能有2 000亿个星系。不过，以前的情况可不是这样。100年前，天文学家还以为银河系是宇宙中唯一的星系。17世纪以来，人们借助望远镜看到了夜空中有一些模糊的旋涡状光斑，但以为那些天体都在银河系里。

1924年，一位名叫埃德温·哈勃的天文学家仔细观察了夜空中一个模糊的旋涡状光斑。他意识到，那里面有一些独特的恒星，其中一种特殊类型的恒星会发出亮度有变化的光。天文学家亨利埃塔·莱维特对这些恒星进行了研究，并创建了一个方程。借助这个方程，并根据那些恒星的亮度变化频率，科学家就能算出它们和地球的距离。

哈勃用莱维特的方程算出，旋涡状光斑里的恒星离我们有250万光年，比银河系里的恒星远得多。哈勃意识到，自己看到的是一个单独的星系——仙女星系，他所看到的所有模糊的旋涡状光斑都是遥远的星系。

仙女星系

宇宙将如何终结

我们不知道宇宙将如何终结，但我们知道，这件事在未来几十亿年内还不会发生。我们知道，宇宙自大爆炸以来一直在膨胀。未来宇宙会发生什么，取决于这种膨胀会继续、停止还是逆转。关于以后可能的情况，有以下三种主要理论。

1. 大挤压

大挤压理论描述的是，如果宇宙停止膨胀、开始收缩之后，会发生什么。这种情况有可能发生，因为宇宙中所有物质和暗物质的引力加起来足够大，足以减缓膨胀的速度。我们看不见暗物质，但知道它们存在，因为我们能观测到它们的引力对其他事物的影响。这可能意味着，在极其遥远的未来的某个时刻，与大爆炸情况相反，宇宙中的物质会相互聚集。

直到20世纪初，人们还认为宇宙是不变的。埃德温·哈勃等天文学家的工作对这种观点提出了挑战。

美国航天局目前正在研制一种新的空间望远镜，科学家能用它来研究暗能量。

2. 大冻结

大挤压理论的问题在于，宇宙膨胀的速度似乎并没有减慢，而是随着时间的推移在加快。科学家并不确定为什么会这样，但他们认为，加速是由一种神秘的力量引起的，人们称其为暗能量。

如果宇宙持续不断地膨胀，那么在未来数十亿年的时间里，可能会出现科学家所说的大冻结。到了那时，所有一切都会逐渐冷却，恒星、星系将不再形成，宇宙会变得一片漆黑。

3. 大撕裂

大撕裂理论认为，在宇宙的最后一幕，暗能量超越了其他所有引力，并占据主导，这会导致膨胀进行得非常快，以至于星系、太阳系甚至原子都会被撕裂。不过，别担心——无论宇宙未来会怎样，这一切都不会在几十亿年内发生，甚至几万亿年内也不会发生。

第二章
我们的太阳系

本章聚焦于我们相对熟悉的天体，深入探索离我们最近的恒星——太阳，以及围绕其运行的八大行星，还有那些矮行星、卫星、小行星等众多天体，它们共同构成了太阳系。虽然在太阳系之外还有很多恒星，它们拥有围绕着自己运行的行星，但是太阳系很特别——到目前为止，它是我们所知的唯一支持生命存在的天体系统。

太阳究竟有多大

相对来说，太阳非常大，太阳的质量占整个太阳系总质量的99.8%。所有行星、矮行星、卫星、彗星和小行星的质量加起来，只占太阳系总质量的0.2%。

太阳

地球的相对大小

太阳与地球

当我们把太阳跟地球相比，情况会变得更加令人难以置信。你可以把100万个地球塞进太阳里——如果你把地球压得很紧，不留缝隙，那能塞进130万个。换个角度看，你可以把太阳想象成一个篮球，那地球比篮球表面上一个小凸起还要小。

更大的恒星

　　跟地球相比，太阳似乎很巨大。但如果把太阳跟其他恒星相比，它也就是平均水平。很多恒星都比太阳大得多，有些恒星甚至比太阳大 100 倍以上！

　　举例来说，位于猎户座的参宿四，是一颗非常大的恒星，也是一颗红超巨星。据科学家估计，参宿四里面可以装下大约 100 万个太阳。

图为猎户座，图片左上角的橙色恒星是参宿四

太阳的相对大小

参宿四

航天器能离太阳多近

太阳是一个巨大的气体球，其大气最外层（日冕）的温度超过 100 万摄氏度，酷热至极。我们都知道绝对不能直视太阳，所以直接飞向太阳肯定不是个好主意，但现在有一个航天器正在这么做。

接近太阳

美国的帕克太阳探测器，比以往任何航天器都更接近太阳表面。2021 年，它成为第一个飞越日冕的航天器，它的目标是在 2025 年抵达距离太阳表面 700 万千米的地方。帕克探测器离太阳最近时，那里的温度可达到 1 400 摄氏度左右。这差不多是厨房烤箱里最高温度的 5 倍左右！

帕克太阳探测器是以美国一位物理学先驱的名字命名的，他叫尤金·帕克（1927-2022）。帕克太阳探测器是美国第一个以……

防止过热

为了防止帕克探测器像奶酪一样熔化掉，人们给它加了几项巧妙的技术。它有一个隔热罩，由两个薄薄的碳片和其中夹着的一层碳泡沫组成。碳是一种热的良导体，可防止探测器温度过高。隔热罩的外面涂了一层特殊的白色涂料，能反射来自太阳的热量。帕克探测器还有一个水冷系统，可以冷却关键区域。除此之外，它还能控制自己的移动。如果它感觉到温度过高，就会把自己移到一个相对凉一点的地方，这样就不会过热。

 ## 更加接近

有了以上这些配件，帕克探测器就能离太阳特别近。接近太阳的过程中，它会收集数据，这些数据能让我们更好地了解太阳，以及太阳对地球的影响。目前，航天器能抵达距离太阳表面700万千米的地方。在未来，更多高科技材料的出现，可能会让我们离太阳更近。

为什么水星不是最热的行星

　　水星是离太阳最近的行星，那里非常炎热。水星表面的温度能达到 430 摄氏度左右，地球表面的平均温度是 15 摄氏度，这么一比，水星上真是超级热。然而，太阳系中最热的行星并非水星，而是金星，其平均表面温度高达 471 摄氏度。此外，行星的表面温度还与其大气的厚度及组分有关。

 温度变化

　　尽管在水星的白昼侧，即朝向太阳那一面，温度能达到 430 摄氏度；但黑夜侧的情况却完全不同，那儿的温度能骤降到零下 180 摄氏度。这个温度是南极洲有记录以来最低温度的两倍！水星上之所以存在这么大的温差，是因为水星大气非常稀薄。也就是说，白昼侧发生的所有升温都不会传递到黑夜侧。另外，水星的自转速度非常慢，所以，每次只有水星表面的某些区域有机会升温。

因为水星的轴倾斜得不厉害，所以水星南北极的一些撞击坑从未被阳光照到过，那里可能存在冻结了数十亿年的冰。

越来越热

金星与水星情况相反，其大气非常厚，主要由二氧化碳组成。二氧化碳也存在于地球的大气中，被称为温室气体，这是因为二氧化碳能吸收热量，并把热量聚集在地球大气层中，使地球变暖。

二氧化碳在地球大气中占 0.04%，但在金星大气中所占的比例非常惊人，达到 96%。正是因为这些二氧化碳，金星才比水星更热。由于金星大气中积聚了如此多的二氧化碳，所以金星正在经历一场非常极端的全球变暖，这使它比其他行星都热。

金星大气比地球大气致密 90 倍

能在夜空中看见行星吗

能！事实上，我们用肉眼就能看见水星、金星、火星、木星和土星。天王星和海王星离地球很远，要看到这两颗行星，通常得用望远镜——不过，在一年当中合适的时间，也有可能用肉眼瞥见天王星。

出现时间不同

在一年中不同的时间，我们可以看见不同的行星。这是由行星绕太阳运行的方式导致的。像地球一样，其他行星也绕着太阳运行，但每颗行星沿轨道绕行一圈所需的时间并不一样。地球绕太阳公转一圈需要一年，也就是365.25天。离太阳更近的行星，沿轨道绕行一圈速度更快。例如，水星绕行一圈需要88天。离太阳更远的行星则需要更长时间。例如，土星绕行一圈需要29年！

由于其他行星绕太阳运行的速度不同，所以出现在地球夜空中的时间也不相同。其他行星冲日的时候，更为适合我们观看。这时，地球恰好位于太阳和其他行星之间，地球与其他行星的距离相对较近。在这个位置，我们能看到行星比平时亮得多。

木星

木星是太阳系中最大的行星，但它通常没有金星亮，因为它离地球更远。如果你用望远镜观察木星，应该能看到木星的一些卫星。

金星

夜空中除了月球之外，最亮的就是金星了，我们能在日出前或日落后看到它。正因如此，金星有时被称为晨星或昏星。

火星

火星是一颗很容易辨认的行星，因为它在天空中呈现为橙红色。

土星

土星在夜空中看起来像一颗明亮的金色星星。要想看到它的光环，你需要用望远镜。

水星

水星的轨道离太阳很近，所以我们只能在日落后不久或日出前看到它。水星通常出现在地平线附近的低空中。

🏠 在家试一试

找一个晴朗无云的夜晚，去看行星。要想知道你看到的是恒星还是行星，一个简单的判断方法是看它是否闪烁——行星不像恒星那样闪烁。还有很多应用程序（app）也能为你提供帮助！

关于卫星的几个小问题

为什么有些行星的卫星比较多

比起那些离太阳远的行星，离太阳近的行星的卫星数量少。离太阳近的行星在形成过程中未被利用的那些尘埃和气体，大多被太阳吸走了，没有聚集形成卫星。离太阳远的行星，质量更大，引力也更强，能把更多卫星留在自己身边。

哪个行星的卫星最大

木卫三是木星的最大卫星，也是太阳系中最大的卫星。实际上，它比水星还大，并且有磁场。木卫三是如此之大，以至于如果它不是绕着木星运行，而是绕太阳运行，就会被认定为一颗行星。

44

十三

月球如何影响地球上的生命

月球就像地球的锚。月球引力的轻微牵引，使地球自转的速度减缓，影响了地球上白昼的长度，使海洋产生了潮汐。月球还有助于保持地轴的稳定。没有月球的话，地轴就会加剧摇摆，这会让地球上的气候变得非常不稳定。也有人认为，月球对地球上潮汐的影响促成了地球早期生命的形成。

为什么有人说月球是奶酪做的

这个传说在西方已经流传了好几百年。它所基于的事实是：月球表面的撞击坑看上去像奶酪上的洞。已知最早的传说之一，是讲一只狐狸被一只狼追赶的民间故事：狐狸为了分散狼的注意力，跟狼说湖面上那个月球倒影实际上是一块大奶酪；狼为了吃到奶酪，就去喝水了，结果狐狸趁机逃走了！

月球上有昼夜吗

月球上有昼夜。
不过，在月球上度过
一天跟在地球上度过
一天会完全不同。

夜晚和白天

地球绕着地轴旋转，我们
因此有了夜晚和白天。地轴是
一条假想的线，从北极到南极，
贯穿地球中心。地球绕地轴自转
一周需要24小时。地球旋转时，
朝向太阳的那一面是白天，背向太
阳的那一面是夜晚。

月球上的情况也与此类似，但月球
绕着自己的轴旋转的速度比地球要慢得多。
月球绕轴自转一周大约需要27天。真是很漫

热和冷

跟地球上的温度相比，月球上白天和夜晚的温度都非常极端。月球白天的温度高达120摄氏度，夜间却会降到零下130摄氏度。这是因为月球上几乎没有大气，所以白昼侧不能靠大气来反射、散射或吸收阳光，也不能靠大气的流动将热量传递到黑夜侧。

地轴的倾斜角度大约是23度。正是这样一个倾斜角度，给我们带来了四季。相比之下，月球的倾斜角度非常小，大约是1.5度。这意味着，月球上有些地方是阳光永远都照不到的。

地球底部的人会头朝下吗

其实，地球没有所谓的"顶部"和"底部"。这个问题的答案与重力有关，但这个问题引发了许多关于"如何看待自己在世界上的位置"的有趣想法，而这跟地图有密切的关系。

地图的历史

以前的地图并不总是把北方置于顶部，很多古埃及地图会把东方（日出方向）放在顶部。

在 17 世纪，欧洲的海员们开始探索世界，并将他们的发现绘制在地图上。探险者来自世界的北部，他们用北极星寻找回家的路，所以把北方放在地图顶部。后来，这成了标准的地图样式。

从太空中看，地球没有"顶部"或"底部"之分。但这并不能阻止人们对世界抱有"上北下南"的看法。

1972 年，美国航天局拍摄了一张著名的照片，其名为"蓝色弹珠"（左图）。正如你所看到的，南极洲位于照片的顶部。后来，美国航天局把照片颠倒了过来，把南极洲放在底部，这样人们就不会把方向弄混了。

"蓝色弹珠"

科学解释

所以，是地图让我们以为地球有"顶部"和"底部"之分，其实根本没有。我们能在地球表面的任何地方行走，而不会飘到太空中去，这要归功于重力。

重力在我们周围无处不在。如果你把桌上的玻璃杯碰倒了，它会掉到地上。或者，如果你向上跳，也会落回地面。这是因为，地球的重力好像会把所有东西都往地球中心拉。无论你在地球上的什么地方，重力的方向都被认为是"下"，与之相反的方向是"上"。

火星上曾经有生命吗

火星是你用肉眼就能在地球夜空中看到的行星之一。几千年来，人们一直在仰望火星，想知道那上面是否有生命存在。迄今为止，我们向火星发射的所有探测器，都没有发现生命存在的证据。但随着技术进步，情况有可能会发生改变。

早期证据

在 19 世纪，大型望远镜的发明使人们能够将火星看得更清楚。一些天文学家认为他们能看到火星上的运河，并认为那里一定有生命。这引起了轰动，但随着技术进步，那些"运河"最终被证实是火星表面的自然地貌，人们因视觉将其看成了运河。

1964—1965 年，人类第一向火星发射了探测器。从那以，有很多探测器飞越或降落在颗红色星球上，但仍没有发现命存在的证据。这主要是因为火的大气非常稀薄，人类在那里无法及，而且来自太阳的强烈辐射很可能杀死火星表面的生物。

水世界

在地球上，哪里有水，哪里就有生命存在的可能。我们认为，火星上可能曾经有生命，原因是在火星上发现了水存在过的证据。对火星构造的研究表明，距今30亿~40亿年前，火星上到处都是水。事实上，火星上曾有非常多的水，曾经遍布水塘、湖泊甚至海洋。

火星任务

到目前为止，火星探测任务的问题在于，它们完全依赖于火星车进行的实验，而火星车收集到的样本很难被运回来。2021年，一辆名为毅力号的火星车在火星上着陆。毅力号的任务是寻找生命存在的迹象，并收集能送往地球的样本。这些样本预计在2031年左右被运回地球，科学家将首次在地球上使用精密设备对这些样本进行研究。这意味着，也许我们最终能够回答"火星上是否有生命"这一问题。

美国航天局的毅力号火星车

火星车如何登陆火星

火星车登陆火星的过程令人非常紧张，科学家称之为"恐怖七分钟"。必须克服的主要挑战有两个：一是火星引力会使搭载火星车的飞行器下降得太快，二是飞行器在穿过火星大气层时会生热。要想了解具体情况，我们来看看 2021 年美国的毅力号火星车是如何登陆的。

1.

飞行器在到达火星大气层之前，抛掉了飞往火星所需的其他部件，只留下了火星车和着陆设备。当时的飞行速度是 2 万千米 / 时。

2.

进入火星大气层后，飞行器受到空气阻力的影响，开始减速。由于飞行器和大气摩擦生热，其外部温度达到了 1 300 摄氏度。飞行器的保护壳和隔热罩能使其主体保持安全、低温的状态。

3.

一旦飞行器将速度降到 1 600 千米 / 时，它会打开一个巨大的降落伞，这可让飞行器继续减速。此时的温度对飞行器来说是比较安全的，隔热罩就被抛掉了。

4.

火星大气稀薄，所以降落伞只能使飞行器减速到 320 千米 / 时左右。随后，降落伞被丢掉。为使飞行器停下来，制动火箭开始启动。

5.

制动火箭包含 8 台发动机，其喷管排气方向指向地面，能使飞行器减速。火箭产生向上的推力，可以抵消火星对飞行器的引力。于是，飞行器缓缓向火星表面降落。

6.

最后阶段要用到一个空中起重机，它用一根缆绳把火星车降到火星表面上。当火星车的轮子接触到火星表面时，空中起重机松开缆绳，然后从火星车上空飞走了。毅力号终于成功着陆！

有多少火星车成功登陆火星

巡视器是用来探测行星或卫星表面的交通工具。这些机器工作繁忙，它们收集的数据被发回地球，供科学家进行研究。向任何地方发射巡视器都是一件冒险的事情，但发射到火星上的巡视器（也称火星车）已有 6 次成功先例。

旅居者号

第一辆成功的火星车是美国的旅居者号，它于 1997 年 7 月在火星上着陆。旅居者号一共运行了 85 天，拍摄了 550 多张照片，还研究了火星上的岩石和天气。旅居者号只有一台微波炉那么大，但它的成功着陆代表火星研究向前迈了一大步。

旅居者号在火星上

勇气号和机遇号

2004 年，美国的勇气号火星车和机遇号火星车这一对"双胞胎兄弟"分别被送往火星的北半球和南半球。勇气号漫游了 6 年多，机遇号则漫游了 14 年。两辆火星车收集的数据都表明，火星表面曾经有液态水。

机遇号拍摄的一张火星表面照片

好奇号拍了很多自拍照

好奇号

美国的好奇号于 2012 年登陆火星，至今仍在火星上缓慢地行驶。好奇号只有一辆小汽车那么大，上面配备了各种仪器，用于对火星表面进行分析。

祝融号

除了将两辆月球车送上月球外，中国已经将第一辆火星车送到火星上。这辆火星车名为祝融号，于 2021 年在火星上着陆，其任务是研究火星的大气、土壤和地貌。

祝融号探索过的火星区域

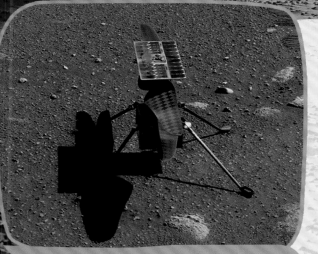

灵巧号在火星上

毅力号

美国的毅力号火星车于 2021 年着陆火星，它还带了一个伙伴——一架名为灵巧号的迷你直升机。灵巧号是第一个可在地球之外的其他行星上执行任务的飞行器，它为毅力号提供导航，帮助毅力号在岩地上行进，同时寻找远古生命存在的迹象。

我能登陆彗星吗

彗星是由太阳系形成时留下的尘埃、岩石和冰构成的。在被太阳的引力拉到内太阳系之前，它们通常位于海王星的轨道之外。内太阳系一般是指太阳系中太阳和小行星带之间的区域，其中包括太阳、水星、金星、地球、火星。如果能在彗星上兜风，那将会非常有趣，但如何登陆彗星却是一个很大的挑战。

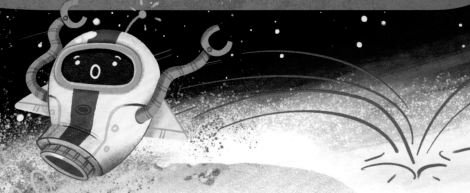

着陆

多年来，人类发射的探测器飞越彗星，收集彗星留下的微粒，甚至故意撞向它们。到目前为止，探测器只在彗星上成功着陆过一次。完成这一壮举的是菲莱号探测器，它于 2014 年 11 月 12 日降落在一颗彗星上，这颗彗星名叫 67P/ 丘留莫夫－格拉西缅科。

那么，人类能登陆彗星吗？

固定

　　彗星很小，所以引力非常弱。也就是说，在彗星表面停留会是一件很棘手的事。菲莱号探测器配备了渔叉状装置，一旦到达彗星表面，就会发射渔叉状装置用于固定自身。如果你想在彗星上着陆，需要采取类似的预防措施，以防自己飘到太空中去。你还需要一件航天服，用于保护自己免受太阳辐射，也可避免外太阳系里低温的伤害。外太阳系一般是指太阳系中小行星带之外的区域。航天服还可为你提供呼吸所需的空气，以及生存所需的水和食物。

　　菲莱号着陆时，它的渔叉状装置失灵了，这个可怜的探测器在彗星上弹来弹去，最后掉进了彗星的裂缝中。由于裂缝中照不到阳光，太阳能电池无法充电，所以菲莱号最终没电了。

 趣味天文学

　　如果要登陆一颗彗星，那得密切关注它的轨道。彗星接近太阳时会升温，尘埃和气体会脱离彗星，形成彗尾。这个阶段的彗星，情况有点不稳定，所以最好趁这时候赶紧回家！

木星上真的会下钻石雨吗

　　没有人探索过木星大气的深处——我们所有的观测都是在远处进行的。也就是说，我们很难确切地知道木星大气层里面的情况。天上下钻石，听起来像是科幻电影里的情节，但科学家非常确定，在木星这颗巨行星的大气层里面，可能会有拇指大小的钻石如雨点般落下。

地球上的钻石

　　要想弄明白这是怎么回事儿，我们先来看看地球上的钻石是怎么形成的。

　　大多数天然钻石是数十亿年前在地球的地幔中形成的，地幔位于地壳和地核之间。地幔中含有一种名叫石墨的矿物，它是碳元素的一种存在形式。

　　地幔中的温度非常高，压力也非常高。在这种条件下，石墨中的碳原子被挤压到一起。最终，高温和高压共同作用，将石墨变成了钻石。这些转化过程发生在地壳之下数百千米处，但随着时间推移，火山活动将这些钻石带到了地表。

地壳
地幔
钻石

地球上钻石的形成位置

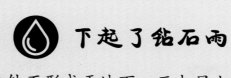

下起了钻石雨

　　地球上的钻石形成于地下，而木星上的钻石为什么会从空中掉落呢？这要归结于木星大气的特殊情况。木星拥有稠密的大气层，其中富含甲烷。

　　甲烷分子是由碳元素和氢元素组成的。木星上也有风暴和闪电，经常出现在木星云层中。当木星大气中的甲烷被闪电击中，就会发生分解，形成氢气和一种名为炭黑的碳。

　　人们认为，那些炭黑会以雨的形式落下。

　　就像地球的地幔一样，木星大气中的温度和压力非常高，高到足以把落下的炭黑变成闪闪发光的钻石。

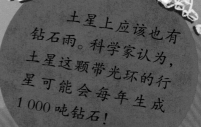

土星上应该也有钻石雨。科学家认为，土星这颗带光环的行星可能会每年生成1 000吨钻石！

木星的大红斑究竟是什么

木星的大红斑是太阳系最壮观的景象之一，它是木星大气层中不断旋转的风暴，是太阳系中最大的风暴。大红斑非常大，它的直径约是地球直径的 1.3 倍。

科学家并不确定大红斑为什么呈现红色，但这可能跟那些从低层大气中吸上来的化学物质有关。

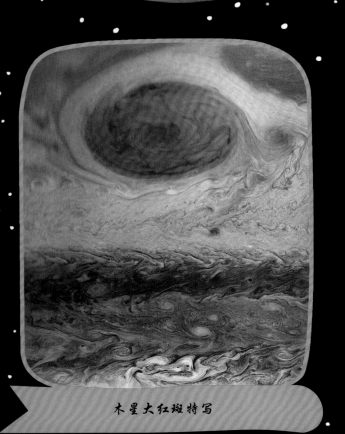

木星大红斑特写

风暴眼

大红斑就像一个超大号飓风，在木星大气层中向下延伸 300 千米。它沿逆时针方向旋转，速度之快令人难以置信。风暴外层的云比内侧的云旋转得更快，速度超过 640 千米 / 时，这是地球飓风有记录以来最高速度的两倍多。

观测记录

至少在过去几个世纪里，这场风暴一直在木星上旋转。关于木星大红斑的记录，可以追溯到1665年，但第一次正式观测到它的是德国天文学家塞缪尔·海因里希·施瓦贝，时间是1831年。施瓦贝在自己画的木星表面图上将其标注为"空洞"。1878年，美国天文学家卡尔·沃勒·普里切特也记录了这个风暴。从那时起，世界各地的专业天文学家和业余天文爱好者就一直在对它进行仔细观察。

要想看清木星大红斑的细节，需要功能强大的望远镜，但如果只是想在地球上看见它，用非专业设备也行。

趣味天文学

天文学家注意到，木星大红斑变得越来越小，越来越圆。1879年，它的直径为4万千米，但到了现在，它的直径大约是1.5万千米。一些天文学家甚至认为，木星大红斑可能会在未来20年后消失。

我能在土星环上滑行吗

从远处看，土星环就像一个完美的太空溜冰场，但要站到那上面去却是不可能的，更不用说在那上面滑行了。让我们凑近看看这是为什么。

土星环围绕在土星周围，每个环的自转速度并不一样。外侧的环比内侧的环要转得慢一些。

土星环

土星周围一共有 7 个主环，每个主环包含 100 多个小环。科学家认为，土星小环的数量可能多达 1 000 个。这些环的延伸范围十分惊人，其宽度可达 28 万千米，这相当于地球直径的 22 倍！尽管这些环的延伸范围很大，但它们很薄，最薄的地方可能只有 10 米厚。

土星环内部

从远处看，土星环像是固态的，但如果近距离观察，你会发现，它们实际上由数十亿个独立的冰块和岩块组成。这些碎块大小不一，小的如同沙粒，大的则有山那么大。因为这些环不是连续的、光滑的物质环，所以别说在环上面滑行了，想站到那上面去都很难。比较明智的做法是乘坐航天器飞越土星环，不过得小心别撞到那些大块头！

古老的环

一些科学家认为，土星环中的碎块来自一些小行星、彗星或卫星，它们被土星极强的引力拉拽过来，历经多年碰撞变成了碎块。另外一些科学家则认为，这些环中的碎块是土星最初形成时留下的。也就是说，这些环可能很年轻，只有1亿岁；也可能很老，跟太阳系一样老（45亿岁）。

1610年，天文学家伽利略首次通过望远镜看到了这些土星环。近年来，对土星环展开近距离观测的是卡西尼－惠更斯号探测器，它在2004—2017年围着土星绕转。

为什么天王星躺着转

太阳系似乎万籁无声，行星在各自的轨道上有序运行。但早在数十亿年前，情况却变幻莫测，行星被巨大的岩石和冰块撞来撞去。人们认为，一颗地球大小的岩石曾经撞上了天王星，使它失去平衡，天王星因而成为太阳系中唯一躺着转的行星。

严重倾斜

天王星的轴倾斜了 90 多度。跟太阳系其他行星相比，这个倾角非常大。举例来说，金星的轴倾角是 2.6 度，而地球的轴倾角大约是 23 度。

天王星以这样一个极端的倾角绕太阳运行，所以最靠近太阳的部分有时是它的北半球，有时是它的南半球，还有时是它的赤道地区。由此导致的结果是，一年下来，季节的变化非常疯狂，而天王星上的 1 年相当于地球上的 84 年！

不稳定的磁场

　　像地球等行星一样，天王星有磁场，磁场由内核产生，一直延伸至表面之外，但天王星的磁场非常不稳定。地球的磁轴与自转轴之间的夹角是 11 度，而天王星的磁轴与自转轴之间的夹角很大，足有 60 度。

奇怪的极光

　　天王星磁场不稳定所产生的影响会反映在极光上。来自太阳的带电粒子与行星的磁场相撞时，会形成极光，通常在南北两极地区最强。在地球上，北半球或南半球舞动的极光分别被称作北极光或南极光。由于天王星自转轴倾斜，且磁场不稳定，所以天王星上的极光并不在两极地区，而且比地球上极光的存在时间更短暂。

模糊的白斑是天王星上的极光

为什么海王星是蓝色的

海王星之所以呈现蓝色，是因为其大气中的化学物质。多亏了旅行者 2 号探测器，我们才得以近距离观察海王星的大气组分，旅行者 2 号是迄今为止唯一飞过海王星的人造天体。1989 年 8 月 25 日，旅行者 2 号飞到海王星北极上空约 5 000 千米处，并拍摄了一些照片，这些照片揭示了海王星拥有令人惊叹的蓝色色调。

空气中有什么东西

旅行者 2 号（见右下图）上面搭载了各种各样的设备，用于收集它所遇到的行星的信息。其中一个设备叫分光光度计，有了它，就能对行星大气进行分析。

我们能看到太阳系中的行星，是因为它们反射阳光。分光光度计可以接收并分析反射光。由于大气中不同的元素会吸收不同颜色的光，通过分析一颗行星反射的光，就有可能研究出行星大气的化学成分。

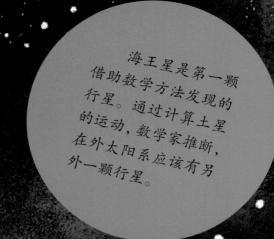

海王星是第一颗借助数学方法发现的行星。通过计算土星的运动，数学家推断，在外太阳系应该有另外一颗行星。

蓝色星球

旅行者2号揭示出，海王星的大气是由氢气、氦气和甲烷组成的，其中甲烷能吸收红光。也就是说，当阳光照射海王星的大气时，红光被吸收掉了，而蓝光被反射出来。所以，海王星呈现出令人感到不可思议的蓝色。

冥王星是行星吗

冥王星远在海王星之外的一片"冰天雪地"里。在我小时候，冥王星还是太阳系的第九大行星；如今，它却被归到了矮行星的类别中。

这一转变发生在2006年。冥王星很小，比月球还小，后来人们又陆续发现了其他跟冥王星大小相近或比它更大的小天体，因此，国际天文学联合会决定，要对天体重新进行定义。

根据新的定义规则，满足如下条件才能称之为行星：

（1）围着一颗恒星绕转；

（2）因质量足够大，而大致呈球形；

（3）因质量足够大，而能独占一条轨道；换句话说，因引力足够大，而能清除运行轨道上的其他天体。

冥王星不符合最后一条，所以它被归类到矮行星的行列中。尽管冥王星不再是一颗行星，但它仍是一颗景色迷人的天体，那里有朦胧的蓝天、红色的降雪，还有心形的冰原。

冥王星

还有其他矮行星吗

目前，我们太阳系中有5颗官方确认的矮行星。除了冥王星之外，其他4颗矮行星分别是：谷神星、鸟神星、妊神星和阅神星。

谷神星是目前所知的矮行星中离地球最近的。它位于火星和木星之间的小行星带上。其他矮行星和冥王星一样，位于海王星之外的冰冷区域中，那里被称作柯伊伯带。妊神星可能是其中最奇怪的一个。这个小小的天体，尺寸跟冥王星差不多，但它自转得特别快——每4小时转一圈。这种快速的自转让妊神星改变了形状，从球体变成了"卵形体"（被压扁的球体）。

谷神星

妊神星

随着技术进步，我们正在寻找更多的矮行星。近来新发现的可能的矮行星包括：亡神星、赛德娜、夸奥尔和共工。这些天体已经被探测到了，但还在等待官方确认它们的矮行星身份。

关于流星的几个小问题

什么是流星

太空中的一小片尘埃或一小块岩石冲进地球大气层时，会因摩擦而升温，熊熊燃烧，这就是流星。由于流星一边燃烧一边飞行，它会在天空中留下一道光迹。光迹的颜色取决于流星中燃烧的化学物质，因此，我们可以通过研究流星光迹来确定流星的物质组成。

什么时候能看到流星

流星的奇妙之处在于，你不需要借助特殊设备，用眼睛就能直接看到它们！要想看到很多流星，最佳时机是流星雨期间。当地球穿过某颗彗星留下的碎片时，地球上就会出现流星雨。彗星的碎片进入地球大气层并燃烧，会变成很多流星。英仙座流星雨发生在每年的七八月份，如果夜空晴朗，每小时可能会看到 50 ～ 100 颗流星。

彗星不同于流星。彗星是由冰和岩石组成的"脏雪球"，绕着太阳运行。

流星会落到地面上来吗

大多数流星都很小，它们撞到地球大气层时会彻底烧光。而少数较大的流星穿过大气层时，会被加热燃烧，产生光迹，但并不会完全烧光，残留的部分会落到地球表面上。流星落到地面上的残骸，被称为陨石。

小行星是流星吗

小行星进入地球大气层后会形成非常壮观的火流星。小行星是太阳系形成之后留下的一块块石头。小行星遍布整个太阳系，但大多数小行星位于火星和木星之间的小行星带上。天文学家目前已经在太阳系中发现了 100 多万颗小行星，没被发现的可能还有数百万颗。这些小行星大小不一，较小的小行星直径只有 10 米左右，而较大的小行星直径则可超过 500 千米。

为什么不同行星上重力不一样

引力是有质量的物体之间的吸引力。任何有质量的东西都会产生引力——从太阳到地球再到人体，都会产生引力，因此引力又称万有引力。物体的质量越大，引力越大。在不用太严格区分的情况下，天体对其表面物体的引力又称为重力。我们太阳系中的几颗行星，质量各不相同，你在每颗行星上感受到的重力是不一样的。

⚖ 体重变化

如何知道不同行星上的重力有何差异？一种测量方法是，假设你站在不同的行星上，看看自己的体重会怎样变化。行星的重力越大，你在其表面上的体重就越大。测量体重可以采用家用电子体重秤，它是利用压力传感器来称量体重，可以反映重力的变化。如果你在地球上称出的体重为 22 千克，那么在太阳系内其他行星上称出的体重会有所不同，秤面上显示的结果如下图。

地球　22 千克

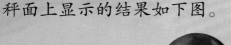

水星　8.3 千克　　火星　8.3 千克

金星　20 千克

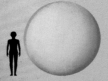

天王星　20.2 千克

土星　20.5 千克

海王星　24.6 千克

木星　51.5 千克

在火星上更威猛

在不同的行星上，重力不一样，这似乎只是有些令人不可思议，但这会真切地影响未来人类在外星上的生活。

跟水星一样，火星的质量比地球小——火星上的重力大约是地球上的三分之一。这会让一个习惯了地球重力的人感觉自己非常强壮。与在地球上相比，在火星上你能跳得更高，能举起质量更大的东西。

这有什么关系吗

我们的身体适应了地球的重力环境，不知道长时间待在火星的重力环境中会怎么样。如果重力不再是我们熟悉的地球重力，我们的骨骼和肌肉可能都会发生退化。

科学家目前正在研究，看怎样通过药物和锻炼来减少低重力对未来火星生活的影响。

什么是天文学上的"食"

在继续阅读之前，你得先保证，不要用眼睛直接看明亮的太阳，即使是日食期间的太阳，也不要直视。否则，那会使你的视力受到永久性损伤。

当行星或卫星挡住了阳光，就会发生"食"这种天文现象。在地球上，我们能看到两种主要的"食"——月食和日食。

 月食

月球在地球的夜空中看起来很亮，但它自己并不发光。相反，月球表面会反射来自太阳的光。月食期间，地球跑到了月球和太阳之间，挡住了部分太阳光。你可以用肉眼直接看月食，这是安全的。

 日食

当月球正好跑到了太阳和地球之间，在地球表面投下影子，我们就会看到日食。要想安全地看日食，要么戴上特殊的日食眼镜，要么用针孔投影仪观察日食的影子。地球上能看到的日食有以下三种。

1.

日偏食

这时太阳、月球和地球不完全在一条直线上，太阳只被月球挡住了一部分。

2.

日环食

这时月球挡住了太阳的中心部分，但我们仍能看见太阳的外边缘。

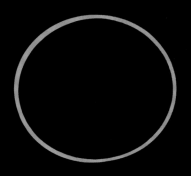

3.

日全食

这种日食会让你大吃一惊！当月球与地球距离合适，月球恰好能完全挡住太阳，就会发生日全食。在日全食期间，天空会变黑，只有日冕可见，那是太阳的外层大气部分。

在外星上能看到日食吗

在除地球之外的太阳系内其他行星上，也能看到日食，但不像地球上那么令人震撼。月球的大小正合适，所以，在地球上看到的日食是最棒的。太阳系中没有其他哪颗卫星与其行星的尺寸之比如此之大，也就是说，没有哪颗卫星能像月球那样能完全地、壮观地挡住阳光。

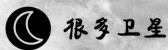

很多卫星

月球并非太阳系中唯一的卫星，有的行星有很多卫星。例如，目前发现的木星和土星的卫星加起来有 200 多颗。月球的特殊之处在于它与地球的尺寸之比。太阳系中最大的卫星是木星的卫星木卫三——它比水星还大！但和木星比起来，木卫三就很小了——它的直径只有木星直径的 4%。与此形成鲜明对比的是，月球直径是地球直径的 25%。

木星

木卫三

外星日食

某颗卫星的大小得正合适，而且它所绕行的行星和太阳之间的距离也正合适，这颗卫星才能完全挡住太阳。否则，那颗行星上的日食就不会像地球上的日食那样不可思议，那样引人注目。在火星表面运行的一些火星车已经观测到了火星上的日食，但火星的卫星太小了，日食的情景看上去就像是有什么东西从太阳前面经过了而已。

当然，如今我们已经发现了太阳系外有其他绕着恒星运行的行星，所以那里可能会出现"宇宙巧合"，产生出我们有幸在地球上看到的那种日食景象。

在火星上看，火星最大的卫星火卫一遮挡阳光而形成的日食现象

外星上有彩虹吗

我们并不确定外星上有没有形成彩虹的合适条件。在地球上，彩虹是阳光照射到水滴上而形成的，是一种令人惊叹的自然景观。当阳光照射雨云或瀑布时，你就可能会看到彩虹。

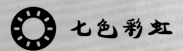 七色彩虹

阳光中的可见光主要是由7种不同颜色的光组成的。这些光通常混合在一起，形成白光。然而，当阳光照射到水滴上时，这些光会被分开。

所有光穿过水滴时，传播速度都会减小，但有些光变慢的程度大于其他光。如果阳光照射雨云或瀑布的角度较为合适，阳光中不同颜色的光会因其传播速度的变化而被水滴分开，我们就可以看到彩虹中的7种颜色——红、橙、黄、绿、蓝、靛、紫。

外星上的彩虹

在太阳系中，除了地球外，最可能出现彩虹的星球是土卫六，它是土星的一颗卫星。2005年，美国的惠更斯号探测器降落在土卫六上，它发现那里的大气中富含甲烷，那是一种能成为降雨的物质。

土卫六离太阳很远，但如果有一束阳光穿过土卫六的大气，照射到甲烷液滴上，那就有可能形成彩虹。土卫六上的彩虹可能带有橙色色调，因为土卫六的天空颜色是暗淡的橙棕色。

土星的另一颗卫星土卫二，表面有大量水蒸气喷出。土卫二上也有可能出现彩虹。

🏠 在家试一试

你可以在家里自制彩虹，只需一杯水、一把手电筒、一面镜子和一个黑暗的房间就行。把镜子放在玻璃杯里，使它在水中保持一个倾角。打开手电筒，让光从玻璃杯的一侧照进去，照到镜子上。你会看到，天花板上出现了一道彩虹！

第三章
人类进入太空

　　1961 年，人类首次进入太空，航天史翻开了崭新的一页。时至今日，这一壮举已非个例，来自 41 个国家的 500 多人，相继踏上了太空之旅。在这一章中，我们将一同深入探讨一些引人入胜的话题，比如，人类究竟是如何探索太空的？要成为一名航天员，需要经历怎样的历练与挑战？而展望未来，我们将迎来怎样的太空生活？

升空过程中会发生什么

想象你在一艘火箭里，即将升空。除了着陆环节（整个旅程中最危险的部分）外，你都好像坐在一场巨大的爆炸之上！不过，别担心，这并非真正的爆炸，实际上是剧烈的燃烧。燃料被点燃时，会产生大量的废气。这些气体会通过火箭的喷嘴高速喷出，产生一股强大的推力，这是你进入太空所需要的。

火箭燃料

火箭要么使用固体燃料，要么使用液体燃料。当这些燃料与氧气充分混合并被点燃时，它们会发生燃烧，并产生推力。

固体燃料的好处是燃烧稳定，能产生很大的推力。然而，这种燃料的燃烧不能加快、减慢或停止，因此，我们很难控制推力的大小。

液体燃料提供的推力比固体燃料小，却是可控的，这能让航天员调节火箭的速度。

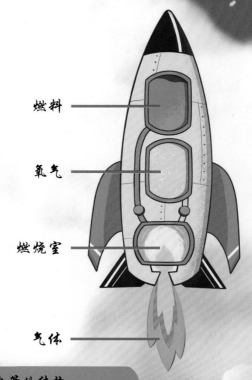

燃料

氧气

燃烧室

气体

火箭的结构

火箭升空

发动机已点燃，火箭开始抖动。冲！当火箭升上天空，你在座椅上会感受到推力，那个力大约是重力的三倍（具体倍数和火箭的大小有关）。火箭的速度越来越快，要摆脱地球引力，火箭的速度至少要达到 4 万千米 / 时。

升空大约 10 分钟后，你会突然从"感觉被压扁了"切换到"感觉失重了"的状态。

有效载荷

第三级火箭

第二级火箭

助推器

第一级火箭

逐级推进

火箭通常由多个部分组成，每个部分称为一"级"。有些火箭太大了，会附带额外的迷你火箭，即助推器，它可用于帮助火箭起飞。燃料耗尽时，各级火箭和助推器都会脱落。火箭上唯一进入太空的部分是有效载荷，它通常装备在火箭的顶部。

能在国际空间站里飘浮吗

你可能看过航天员在国际空间站里飘来飘去的视频。你可能会认为这种失重现象跟缺少重力有关，但事实并非如此——太空中并不存在那么一个点，你一旦越过它就突然开始飘浮。航天员之所以能飘浮在国际空间站里，跟航天员在绕地球运行的国际空间站中所经历的特殊条件有关。

引力作用

的确，你离一个物体越远，它对你的引力就越弱。我们在远离地球中心时，受到的地球引力就没那么强了，但引力作用依然存在。

举例来说，有一种卫星叫地球同步卫星，它们位于地球上空3.5万千米处。地球同步卫星离我们很远，但受地球引力的作用，它们会待在特定的轨道上。

国际空间站距离地球表面只有400千米，那里的地球引力略有减小，但航天员所受的重力仍有地面上所受重力的90%左右。

航天员梅·杰米森正在国际空间站里自由飘浮

假想实验

为了弄明白这是怎么回事儿，做一个假想实验可能会有帮助。

想象你在一栋非常高的大楼里，你从顶层走进电梯，电梯缆绳突然断了，你开始飞速下降。（别担心，这是一种想象的场景。在此场景中，下方会有成千上万个垫子，电梯是会软着陆的。）

当你和电梯一起下落时，如果你跳起来，脚离开地面——你和电梯以相同的速度下落。安保人员通过摄像头看电梯内部时，会看到你飘浮在电梯地面的上方。你看起来好像失重了。

人和物体在太空中失重的状态被称为微重力状态。

平衡引力

国际空间站里的情况与上述假想实验的结果有些类似。要进入轨道，国际空间站绕地球的速度需要足够快，这样绕行产生的离心力才能平衡地球的引力，使国际空间站不至于被引力拉回地面。这样一来，虽然国际空间站会持续下落，但它的下落轨迹是沿着弧形的近地轨道，所以永远不会落到地面上来。就像我们的假想实验描述的那样，国际空间站中的航天员会感觉失重了。

在国际空间站里如何呼吸

你能够呼吸，要感谢地球大气层——环绕我们地球的一层薄薄的气体带。我们吸入含有氧气的空气，呼出二氧化碳。国际空间站内安装了一套系统，它能够模拟出与地球表面空气含氧量相同的环境，从而确保航天员能自由地呼吸。

在高山上呼吸

离地球表面越远，大气就越稀薄。登山者在高山上会感觉呼吸困难，所以他们会随身携带氧气瓶。进入太空的航天员也面临同样的问题。不同之处在于，即使登山者在地球最高峰（珠穆朗玛峰）顶部，海拔高度也就不到 9 000 米，那里大气虽然稀薄，但仍能呼吸。而航天员所在的海拔高度比这要高得多。

在高空中呼吸

部分穿越大气层的航天员，其目的地是国际空间站，它位于距离地球表面约 400 千米的近地轨道上。尽管国际空间站仍位于地球大气层内，但在如此高的高度，空气变得异常稀薄。

为了满足航天员的呼吸需求，国际空间站装备了先进的生命维持系统。这一系统不仅持续净化空气，确保站内环境清新，还负责为航天员提供充足的氧气。当航天员呼出二氧化碳时，系统内特设的"洗涤器"会及时介入，有效去除包括二氧化碳在内的有害气体，确保航天员的健康与安全。

国际空间站里的"洗涤器"

空气泄漏

国际空间站内的航天员需时刻保持警惕，关注任何微小的泄漏点，并迅速采取措施进行封堵，以防止宝贵的空气外泄。这些泄漏往往由空间中四处游荡的微粒所引发，它们如同微型子弹，能够穿透航天器的多层防护。尽管航天员配备了先进的泄漏探测器来追踪这些隐患，但在某些情况下，他们也会发挥创意，采用特殊方法应对。例如，在 2020 年，一次成功的泄漏定位就巧妙借助了茶叶：航天员将茶叶撒向空中，观察其散开后自然朝向那道细微裂缝飘动的轨迹，从而精准地锁定了泄漏源。

航天员为什么要穿航天服

如果不穿航天服就贸然走出飞船，那么你几乎无法在外太空坚持太久。那里没有空气供你呼吸，而且温度极低，足以迅速将你冻僵。航天服是航天员在太空生存的关键装备，它几乎囊括了所有生存所需——从某种程度上讲，航天服就如同一个可穿戴的迷你飞船，为航天员提供全方位的保护。

大多数航天服都由相互配合的几个部分组成，它们可形成一个密封的屏障。把一件航天服穿到身上，大约需要45分钟！

全副武装

航天员所穿的航天服分为两种主要类型。第一种是轻质航天服，主要在飞船起飞和降落时穿着。这种航天服的主要功能是确保在飞船内部气压出现异常时，能为航天员提供必要的氧气支持。第二种是我们常见的白色航天服（见左图），它是航天员在飞船外部进行太空行走时的必需装备。

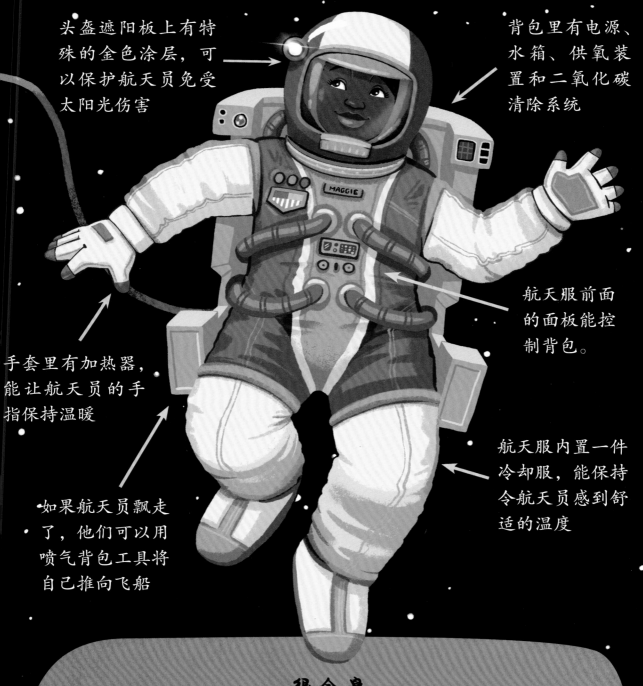

头盔遮阳板上有特殊的金色涂层，可以保护航天员免受太阳光伤害

背包里有电源、水箱、供氧装置和二氧化碳清除系统

手套里有加热器，能让航天员的手指保持温暖

航天服前面的面板能控制背包。

如果航天员飘走了，他们可以用喷气背包工具将自己推向飞船

航天服内置一件冷却服，能保持令航天员感到舒适的温度

很合身

　　航天员在太空行走时穿的航天服很重，其质量大约有130千克，差不多相当于一头小象的质量。幸运的是，在微重力环境下，航天员不会感觉到有这么重。尽管航天服显得颇为笨重，但它穿在身上却非常合身，能够确保航天员在航天器外部自由活动，并执行各种必要的维护任务。值得一提的是，上图所展示的这套航天服是我亲自设计的，其外观与前一页所展示的航天服极为相似。

太空行走是什么感觉

　　我曾有幸见过世界上首位实现太空行走的传奇人物——俄罗斯航天员阿列克谢·列昂诺夫。1965 年 3 月 18 日，他完成了那次载入史册的太空漫步。他向我描绘了那一刻的非凡景象：当他踏出航天器的那一刻，眼前一边是璀璨夺目的繁星，宛如点点宝石镶嵌在漆黑的天幕上；另一边则是蔚为壮观的地球，它的轮廓在太空中显得如此清晰而壮丽。此外，他还特别提到，一旦远离了航天器发动机那震耳欲聋的轰鸣，整个太空便沉浸在一种难以言喻的寂静之中。

遭遇意外

　　阿列克谢的太空行走看似一切顺利，然而，在他准备返回航天器时，他发现自己的航天服在真空中意外膨胀了！这是由于太空中的气压低，而航天服内的气压高，二者之间存在很大的气压差。面对这突如其来的情况，阿列克谢展现出了非凡的冷静与勇气。他适度释放了航天服中的一些气体，这既能维持必要的生命支持，又足以让他安全地爬回飞船。

定期任务

　　如今，航天员要定期进行太空行走，以完成维护航天器、开展科学实验等各项工作。工作任务不同，太空行走所需的时间也不同，可能要几分钟，也可能要几小时。迄今为止，时间最久的一次太空行走用了 8 小时 56 分钟！

练习池

　　航天员在地球上会投入大量时间进行太空行走的专项训练，以确保在真正执行太空任务时能够清晰地知道每一步该如何操作。他们进行这些训练的地方被称为中性浮力实验室，那里设有一个庞大的水池，池中配备了特殊设计的装备。这些装备能够营造失重环境，让航天员进行模拟太空训练。

太空行走训练

太空闻起来是什么味儿的

有这样一种广为流传的说法：在浩瀚的太空中，你的尖叫将没人能听到，你的气味也没人能闻到。这是因为太空几乎是真空，缺乏我们日常生活中传播声音或气味所需的气体。声音需要依靠分子间的振动来传播，其介质为气体或液体。同样地，气味源自物质挥发出的微小分子，它们在空气中飘散，被我们的鼻腔捕捉，进而触发嗅觉神经的反应。

推测太空中的气味

尽管我们无法直接置身于太空去嗅闻其气息，但我们可以通过探测太空中某个区域分子的化学成分，来间接推测这些地方可能散发出的气味。

2009 年，科学家在银河系中心的一片星云中，成功识别出了一种名为甲酸乙酯的化学物质。这种物质在地球上同样存在，它可以散发着类似朗姆酒的气味，也赋予了树莓那令人愉悦的果香。

臭行星

如果我们能闻到太阳系中除地球外其他行星的气味，结果恐怕会令人失望，因为我们最可能闻到的是臭鸡蛋味儿。这种气味来自一种名叫硫化氢的化学物质，它存在于内太阳系的行星上，在外太阳系的行星上也少量存在。如果我们在一些行星上闻到这种气味，那么我们会感觉这些行星是臭烘烘的！

一些航天员说，国际空间站闻起来像有燃烧的金属和烤肉的气味。

关于国际空间站生活的小问题

航天员怎么睡觉

　　航天员在太空中的睡眠体验与我们地球上的大相径庭，他们无法像在地面上那样舒适地躺在床上，因为那样会占用宝贵的空间。此外，如果躺着睡的话，需要将航天员固定在床垫上，以防止飘浮。因此，国际空间站中的工作人员是利用睡袋进行休息。利用魔术贴将这些睡袋固定在墙上，这样航天员就可以安然入睡了。

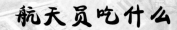

航天员吃什么

　　昔日，航天员的餐桌常是糊状食品与脱水食物的天下，味道实难恭维！而今，太空餐已大为改观，其丰富程度堪比飞机餐。每隔90天，地面指挥中心会向国际空间站运送一次食物，其中包括新鲜水果、蔬菜、巧克力棒和预包装餐。航天员吃饭用的是磁性餐具，它们可牢牢地吸到桌子上。柠檬水和果汁之类的饮品采用密封包装，航天员用吸管喝，这样液体就不会在空间站里到处乱飞。

航天员玩什么

　　航天员工作辛苦，但也有空闲时间——他们可以和地球上的家人通电话，可以和其他航天员玩游戏，还可以演奏音乐。国际空间站里还有一个重要的消遣，那就是看窗外的地球，每45分钟就会有一次日出和日落，所以窗外总是有得看。

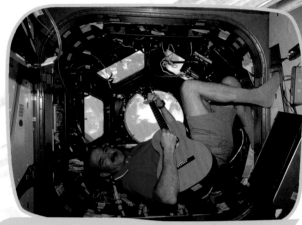

2012年，加拿大航天员克里斯·哈德菲尔德把吉他带到了国际空间站

能洗澡和上厕所吗

　　把水送进太空成本很高，而且水在微重力环境下的表现跟在地球上不太一样。如果你在国际空间站里打开淋浴器，水滴并不会落到地板上，而是会四处飘浮，这可能会损坏设备。因此，航天员都用免冲洗的沐浴露和洗发水。

　　航天员使用的厕所也比较特殊，它可以吸附大小便。大便被送回地球进行处理。小便经高科技的循环利用系统，重新变成可以安全饮用的水。我曾好奇地问过航天员那种循环水的口感，他们说那水喝起来……嗯……还挺好的！

美国航天局的航天员凯伦·尼伯格演示水是怎样在国际空间站中飘浮的

为什么我们还没有移居外星

多年来我一直在思考这个问题，因为我此生的愿望之一是去外星旅行。虽然目前还有很多技术障碍让我们设法在外星上生活，但我认为我们所面临的最大挑战还是成本。我们要跨越遥远的距离抵达外星，还要在那里建设基地，基地里要有复杂的系统用于支持人类生存，这些都需要不菲的开销。

新的家园

如果可以解决成本问题，我们首先能去哪个外星生活呢？答案不是其他行星，而是离我们最近的天体——月球。在月球上生活是很困难的，因为月球缺少大气，暴露在太阳的辐射下，而且温差极大——月球的白天极热（120摄氏度），夜晚极冷（零下130摄氏度）。不过，月球可以作为我们从地球去往太阳系其他地方的跳板。月球的质量比地球小得多，所以月球的引力也小得多，从月球表面起飞也更容易。

另一个候选星球是火星。生活在火星上也有很多挑战。比如，火星表面的平均温度跟地球上南极洲的平均温度相似；火星的大气层很薄，我们在火星上没法正常呼吸。但是，火星上已经发现了水，尤其在火星的冰盖中有丰富的水资源，这对人类在那里的生存来说是至关重要的。

外星房屋

如果我们想在月球或火星上生活，那需要建一些住所，用于保护我们免受其环境的影响。它们可能类似于人们在南极洲建造的住所（见下图），能让科学家在极其寒冷的条件下常年在那里生活。

这些住所需要有完整的生命保障系统，有可供呼吸的空气，能防辐射，有食物、水和能源。你认为火星房屋可能是什么样的？

我们能在外星上种植物吗

　　为了在外星上安家，我们需要想办法种一些植物来养活自己，因为利用飞船运输植物是非常昂贵的。植物的生长需要光、水、空气和合适的温度。地球是植物的天堂，但太阳系内的其他行星却并非如此。如果一定要在外星上种地，火星是最佳候选者，因为与别的行星相比，火星大气跟地球大气最相似。要把这颗红色星球变成绿色星球，比较难，但并非完全不可能。

植物生长问题

　　植物生长需要一些特殊的东西，而这些东西在火星上较少或难以找到。火星大气中的二氧化碳含量很高，氧气含量很低。虽然植物光合作用确实需要二氧化碳，但植物也需要氧气来呼吸，而火星上没有足够的氧气。

　　火星上还特别冷，夜间的气温能下降到零下 99 摄氏度，这会把植物冻死。另一个问题是土壤，地球的土壤中富含多种营养物质，它们主要来自死去的植物，这些物质有助于植物生长，但在布满尘土的火星表面，并没有这些物质。

火星番茄

为了在火星上存活，那里的植物都得种在温室里，以便我们控制温度、水分和氧气浓度。我们还需要给贫瘠的火星土壤施施肥。最近在地球上进行的一项实验表明，植物能在模拟的火星温室大棚中繁茂地生长。

科学家制造出了模拟火星尘土的土壤，然后将这些土壤放到温室里，在其中施一些肥料，撒上精心挑选的番茄种子，并提供人工照明，结果番茄苗长出来了！更令人欣喜的是，这些番茄种植得非常成功，结出了累累硕果，后续科学家还能用它们来制作番茄酱。

经历过较长一段时间之后，植物有可能会适应火星环境，并在火星上生长。

🏠 在家试一试

你可以在家轻松进行一项小实验，探索植物在不同土壤类型中的生长奥秘。准备三个塑料杯，记得在每个杯底钻个小孔，以便多余的水分能够排出。分别往这三个杯子里倒入不同的土壤，一种是富含养分的堆肥，一种是常见普通的田园土，还有一种是透水性强的沙土。在每个杯子里埋下一颗种子，向日葵种子就是个不错的选择。将这些杯子放置在阳光能够充分照射的窗台上，记得要定期给它们浇水，保持土壤湿润但不过湿。仔细观察并记录每个杯子中植物的生长情况，看看哪种土壤中的植物长得最好。

动物能到外星上生活吗

当然能。事实上，猴子、老鼠和猫等生物早于人类进入了太空。如果你像热爱太空一样喜爱动物，你去另一个星球开始新生活，却不带上你的动物朋友，那情景恐怕难以想象。但对于你的宠物来说，太空生活是否有趣就另当别论了。

动物先锋队

第一批被送入太空的动物是果蝇，它们于1947年2月20日乘坐V2火箭升空。第一个绕地球飞行的动物是一只名为莱卡的狗，1957年11月3日，它乘坐俄罗斯的斯普特尼克2号航天器进入太空。这为后来那些动物的太空之旅铺平了道路，并最终为人类太空之旅奠定了基础，但早期很多动物的太空旅行是以悲剧告终的。

太空中的蜘蛛

如今，只在绝对必要的情况下，动物才会被送入太空，而且它们在太空中会得到精心照顾。科学家在最近的动物太空任务中，发现了一些有趣的现象。比如，2011年，两只金圆蛛——格拉迪斯和埃斯梅拉达，被送往国际空间站，以便科学家研究微重力对蜘蛛行为的影响，结果这两只蜘蛛在太空中织网和在地球上差不多，不过太空中的蛛网更圆一些。此外，它们在太空中抓苍蝇依然十分迅速。

在火星上生存

就像人类一样，动物在其他星球上也会受到极端条件的影响。例如，在火星上，没有动物能自由呼吸，也没有动物能在高剂量的辐射下存活。即使是适应了南极寒冷环境的企鹅，到了火星上也会觉得特别冷。

跟我们一起去其他星球的所有动物，都必须待在一个有生命保障系统的住所中才能存活。如果你计划去火星旅行，你的小猫或小狗可能更愿意待在地球上。

能在太空中唱歌吗

能否在太空中唱歌，关键在于你是否处于一个拥有大气的环境中。不过，这也得看你具体待在哪里，以及那儿的大气中都有什么气体，你的声音在不同的大气环境下听起来会大不相同。

♫ 太空中的歌声

要想唱歌的话，我得先通过鼻腔或口腔将气息吸入肺部，为发声提供动力。呼气时，肺部收缩挤压气体通过呼吸道排出体外，这一过程中，气息在喉部冲击声带，使其振动发声。然后，歌声通过口腔或鼻腔等开口部位传播到空气中，并随着空气进到旁人的耳朵里。所以，如果我想让别人听见我的歌声，需要气体或其他介质（例如水）来进行传播。

太空环境极为接近真空状态，几乎不存在可供声音传播的气体，因此，如果你直接暴露在太空中且没有穿着航天服，那么你将无法唱歌。然而，一旦你穿上航天服，情况就截然不同了。航天服内部设计有维持生命所需的空气环境，这使得你能够像在地球上一样自如地呼吸和唱歌。同样地，在飞船内部，由于充满了可供声音传播的空气，你也能够毫无顾忌地放声高歌，只要你的同伴愿意聆听。

在外星上唱歌会怎样

如果有人吸入气球里的氦气后再说话的情形，那他们的声音听起来会很尖。氦气密度比较小，比空气的密度小得多，声音在氦气中的传播速度较快，比在空气中的速度快了3倍，因此人耳感知到的声音就比较尖。

想象一下，如果你身处一个外星世界，那里的大气与地球大气的成分不太一样，唱歌时的体验或许也会发生类似的变化。不同的气体会影响声音的传播特性，让你的歌声在外星大气中展现出别样的风采。

金星

金星的大气主要由二氧化碳组成。二氧化碳比地球上空气的密度大，所以我们声带的反应会跟吸入氦气时相反。如果你在金星上唱歌，声音听起来会更低沉。然而，一旦你的声音进入金星大气中，便会加快传播，这是因为金星的大气很厚，所以你的歌声在金星上听起来就像是鸭子嘎嘎叫的声音。

火星

火星大气中的主要成分与金星相似，都富含二氧化碳，这可能导致在火星上唱歌时，声音会会稍微低沉一些。此外，火星的大气密度远低于地球，这使得声音的传播变得极为困难。因此，当你在火星上高歌时，你的歌声可能会变得既低沉又模糊，难以让他人听清你在唱什么。

能在太空中打电话吗

这取决于使用什么类型的电话。大多数人用的是普通电话，它们与地球上的信号塔进行通信，而这些信号塔的平均覆盖范围大约是 70 千米。因此，假如你在距离地球 400 千米的国际空间站里，那肯定用不了普通电话，因为信号根本无法穿越如此遥远的距离。

给家里打个电话

有一种特殊的电话叫卫星电话。这些电话传递信息不是通过地球上的信号塔，而是通过绕地球运行的卫星。如果你在一艘飞船上，但处于这些卫星的覆盖范围内——比如在国际空间站里，那你就可以给你的朋友打电话说："嘿，我在太空中呢！"

卫星电话有两种。一种使用近地轨道卫星，另一种使用地球同步卫星。

国际空间站里的人不用普通电话。他们通过一个由卫星和天线组成的专用网络直接跟地球上的人联系。

1. 近地轨道卫星电话

近地轨道卫星位于距离地球表面约1 000千米的高空，它们以惊人的速度每100分钟环绕地球一周。与地球上的信号塔相似，每颗卫星能够覆盖的地面区域也是有限的，并且随着卫星的绕地运动，其信号覆盖的范围也会不断移动。

为了确保地球上的通信不会因卫星的移动而中断，近地轨道上部署了一个由70多颗卫星组成的复杂系统。这些卫星相互协作，通过传递信号来确保通信的连续性和稳定性。当你身处国际空间站并尝试进行通话时，你的通话信号可能会时断时续，因为你所在的国际空间站也在随着卫星绕地球运行。

2. 地球同步卫星电话

地球同步卫星也是环绕地球运行，它们完成一整圈绕行所需的时间是24小时，这与地球自转一周的时间相同。这意味着，地球同步卫星能够稳定地悬停在地球某一片特定区域的上空，持续不断地为该区域提供可靠的通信。

为了实现与地球自转同步的功能，这些卫星离地球表面很远，其距离大约是3.5万千米。这样的高度要求卫星必须具备强大的性能，以便能够清晰、准确地接收并转发来自地球表面的信号。这导致利用地球同步卫星通话的成本很高。因此，虽然你可以在国际空间站里用地球同步卫星电话和家里人通话，但是你的家人可能会不高兴，因为那会产生天价账单！

怎样才能成为一名航天员

　　每当目睹航天员踏上太空之旅的壮观场景，你的心中是否会涌起一股向往之情，梦想着有朝一日也能成为那星辰大海征途中的一员。幸运的是，成为航天员的道路并非遥不可及，世界各地都设有专门的培训学校，或许就在离你不远的地方。要踏上这条非凡之路，需历经数年的不懈努力。

太空学校

　　航天员的学习旅程丰富多彩且充满挑战，涵盖了空间站系统、高精尖的工程学知识、深奥的数学理论、野外生存技能以及至关重要的失重环境适应训练。航天员的选拔过程极为严苛，竞争之激烈难以想象。比如，在 2017 年美国航天局举行的一次航天员培训选拔中，有 18 300 人递交了申请，最终被选上的只有 12 人。

特殊技能

随着时间的推移，航天员的选拔标准也在不断变化。早年间，军方背景或飞行经验是入选的敲门砖，但如今，更多元化的背景与技能组合被纳入考量。航天员所需的背景及技能主要包括以下几点：

美国航天员苏妮塔·威廉姆斯正在进行训练

☑ 需要有大学学位，专业为科学、工程或技术等相关学科。

☑ 获得学位后，需要在专业领域里获得两年的工作经验。

☑ 参加航天员培训前，必须通过严格的身体测试，所以需要强健的体魄。

☑ 在航天器上，要善于开展科学研究工作，忍受艰苦的物质条件，而且还需要你有良好的团队协作能力。

☑ 如果要去国际空间站，懂英语和俄语是一个加分项，因为那里主要靠这两种语言进行沟通交流。

趣味天文学

除了国家主导的太空计划，一些私人公司也为想体验航天员生活的人提供了新的机会，它们能将付费客户送入太空。这些公司包括：太空探索技术公司、蓝色起源公司和维珍银河公司等。我认为，未来将有越来越多的人有机会进入太空。咱们太空见！

关于太空纪录的几个小问题

谁是第一个进入太空的人

第一个进入太空的人是尤里·加加林。他曾是一名俄罗斯飞行员，经过训练后成为一名航天员。1961年4月12日，27岁的加加林独自进入太空。发射升空时，加加林简短有力地说了声："Poyekhali！"这在俄语中是"出发"的意思。加加林在太空中待了1小时29分钟，绕地球飞了一圈。

被送入太空的最独特的东西是什么

被送入太空的物品五花八门，我认为其中较为独特的东西是一把迷你口琴和一组小铃铛。

1965年12月16日，执行双子座6A任务的航天员决定和指挥中心开个圣诞节玩笑。他们报告说，看到"一颗卫星从北向南移动"，卫星的驾驶员是一名"穿着红色套装"的人。

发出这个消息之后，航天员们拿出口琴和铃铛，演奏了经典的圣诞乐曲《铃儿响叮当》。口琴和铃铛由此成了最早在太空中用于演奏的乐器。

第一颗人造卫星叫什么名字

第一颗人造卫星发射于1957年10月4日，它是由苏联制造的斯普特尼克1号，它的名字在俄语中是"旅伴"的意思。这颗卫星的发射，也标志着美国和苏联开始了"太空竞赛"。

斯普特尼克1号

有多少人去过太空

目前这个数字是700左右，但它还在持续增加。现在，很容易追踪到有多少人去过太空。在官方主导的太空任务中，每次升空的人数都在缓慢地增长。随着太空旅游公司的发展，这个数字可能会上涨得更快。也许在不久的将来，你会成为他们中的一员！

有人在月球上
开过车吗

　　这听起来很疯狂，但是，没错，已经有人在月球上开过车了——不止一次，是三次！你可能会想象航天员开着类似轿车的车子在环形山中穿梭，但月球上使用的车看起来更像高尔夫球车。这些车的正式名称是月球漫游车，简称月球车。

🌙 第一辆月球车

　　把这些月球车送往月球，是美国阿波罗计划的一部分。人类第一次登月是在 1969 年 7 月 20 日，当时阿波罗 11 号的两名航天员——尼尔·阿姆斯特朗和巴兹·奥尔德林曾在月面上行走。但一直到1971 年，第一辆月球车才登上月球，它是阿波罗 15 号任务的一部分。

月球车

月球车的作用

月球车可以将航天员送到靠步行难以到达的地方，以便对月球表面开展更多的分析工作。这三辆载人月球车行驶的里程都不到100千米。在任务结束后，那些车子留在了月球表面，直到今天还一直在那儿。

月球车上安装了相机，以便任务结束时记录航天员搭乘航天器从月球发射升空的场景。

想在月球上兜风吗

自 1972 年阿波罗 17 号任务之后，再也没有人登上过月球。这种情况可能即将发生改变。美国航天局正在推进阿尔忒弥斯计划，有望在 2025 年或 2026 年让人类重返月球。即将登月的航天员具有不同的种族背景，其中也包括第一位女性登月者。中国有望在 2030 年前实现载人登月。如果你将来有机会去月球，一定要坐月球车去兜风。

空间望远镜能望多远

用一架业余望远镜，可以看到太空中数千光年外的恒星和星云。但我们这里讨论的是另一个层面的望远镜——空间望远镜。这些超级望远镜能看到上百亿光年远的区域。

1990年以来，最具革命性的空间望远镜是哈勃空间望远镜。它以天文学家埃德温·哈勃的名字命名，其轨道距离地球570千米。在这样一个高度，航天员对望远镜做维护和更新都很方便。多年来，哈勃空间望远镜开展了150多万次观测，研究了距离地球超过134亿光年远的区域。

韦布空间望远镜于2021年发射，是迄今为止最先进的空间望远镜。哈勃空间望远镜主要在可见光（我们眼睛能看见的波段）和紫外波段进行观测，而韦布空间望远镜主要在红外波段进行观测，它能看到非常遥远的星系中的天体，还可以回看更早期的宇宙。

哈勃空间望远镜拍摄的一张照片捕捉到了星云内引人注目的气体尘埃柱

航天器着陆过的最远天体是什么

2005 年 1 月 14 日，惠更斯号探测器降落在土星的卫星土卫六上，它也由此成为第一个降落在外太阳系的航天器。土卫六距离地球大约 10 亿千米远，是航天器着陆过的最远天体。

在穿过土卫六大气层抵达其表面的过程中，惠更斯号受到了风的冲击，降落过程一共用了 2.5 小时。在降落过程中，惠更斯号对土卫六进行了录像和拍照。

惠更斯号着陆后，又用了 1 小时的时间拍摄土卫六表面的照片，之后通信就中断了。惠更斯号发回的数据显示，土卫六上有着充满液态甲烷的湖泊和河流。

惠更斯号去往土卫六所搭乘的探测器是卡西尼号，这是美国航天局和欧洲空间局的一项联合探测任务。这个探测器用了大约 6 年的时间才抵达目的地。它进入环绕土星的轨道后，对土星进行了大约 13 年的分析。这项开创性任务使科学家能在地球上研究土星的磁场和土星环。

卡西尼号拍摄的土星特写

百年后人人都能去太空旅行吗

　　目前，去过太空的人绝大多数是在航天机构领导下执行任务的航天员。新的太空旅游公司的发展正在改变这一现状。我认为，未来100年里会有更多人实现绕地飞行，或可能到达月球甚至火星。

起飞

　　现在我们认为在天上飞是理所当然的事，但能飞到地球上的其他地方也是大约100年前才实现的。第一次商业飞行始于1914年1月1日，而到了2019年，乘坐飞机出行的人次已达到45亿。

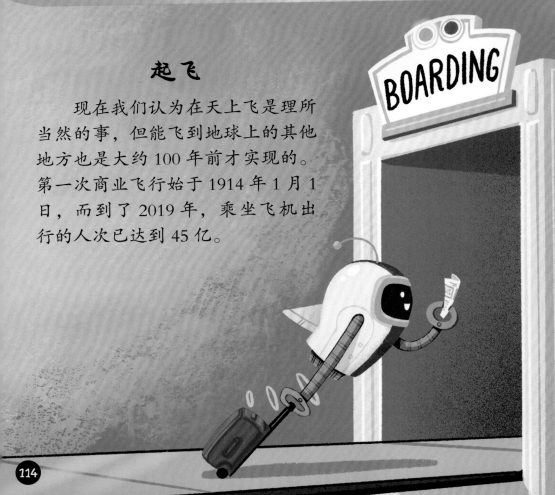

升空

现在的太空旅行跟 1914 年的航空旅行类似，商业公司热衷于满足人们对太空旅行的向往。2021 年 9 月 15 日，第一架民用航天飞机发射升空，这是灵感 4 号任务的一部分。飞船上搭载了 4 位乘客，绕地球飞行了三天，最后降落到大西洋上。

星际远航

星际远航即将梦想成真，但充满挑战——火箭像飞机一样会对环境产生重要影响，进入太空的成本也高得令人瞠目结舌。我认为，在我们向深空进发之前，确保太空旅行对环境友好，对每个人都不存在障碍，应该是我们未来百年的第一要务。

图片来源

除以下图片外，其他图片均来自 Shutterstock (www.shutterstock.com)

第 10 页，左下图：NASA/WMAP Science Team

第 15 页，右上图：NASA/Chandra X-ray Observatory Center

第 19 页，背景图：NASA Goddard；右下图：NASA/JPL-Caltech

第 23 页，所有图片：NASA/JPL-Caltech/University of Arizona

第 31 页，右下图：David (Deddy) Dayag/Wikimedia Commons

第 37 页，右上图：Rogelio Bernal Andreo；右下图：NASA

第 38—39 页：NASA/Johns Hopkins APL/Steve Gribben

第 48 页，左下图：NASA

第 51 页，右下图：NASA/JPL-Caltech

第 54 页，左上图：NASA/JPL；左下图：NASA/JPL-CALTECH/CORNELL/USGS

第 55 页，右上图：NASA/JPL-Caltech/MSSS；中图：NASA/JPL-Caltech/University of Arizona；右下图：NASA

第 60 页，左下图：由 Gerald Eichstadt 和 Sean Doran 根据 NASA/JPL-Caltech/SwRI/MSSS 提供的图像制作的增强图像

第 61 页：NASA/JPL-Caltech/SwRI/MSSS

第 65 页，右下图：NASA Goddard

第 66—67 页，所有图片：NASA/JPL

第 68 页，左下图：NASA/Johns Hopkins University Applied Physics Laboratory/Southwest Research Institute

第 75 页，右上图：NASA/Bill Ingalls

第 83 页，所有图片：NASA/Bill Ingalls

第 84 页，所有图片：NASA/Mae Jemison

第 87 页，所有图片：NASA/Anne McClain

第 90—91 页，主图：NASA；右下图：NASA/Josh Valcarcel

第 95 页，右上图：NASA；右下图：NASA

第 97 页，右下图：Wikimedia Commons

第 107 页，右上图：NASA/James Blair

第 110 页，左下图：NASA

第 111 页，所有图片：NASA

第 112 页，左下图：NASA/ESA/STScI

第 113 页，右下图：NASA/JPL−Caltech/Space Science Institute

为使书中图片尽可能精确，我们尽最大努力进行了确认。若有读者朋友发现任何错漏，或有任何疑问，欢迎联系我们，以便我们在后续版本中进行修订。

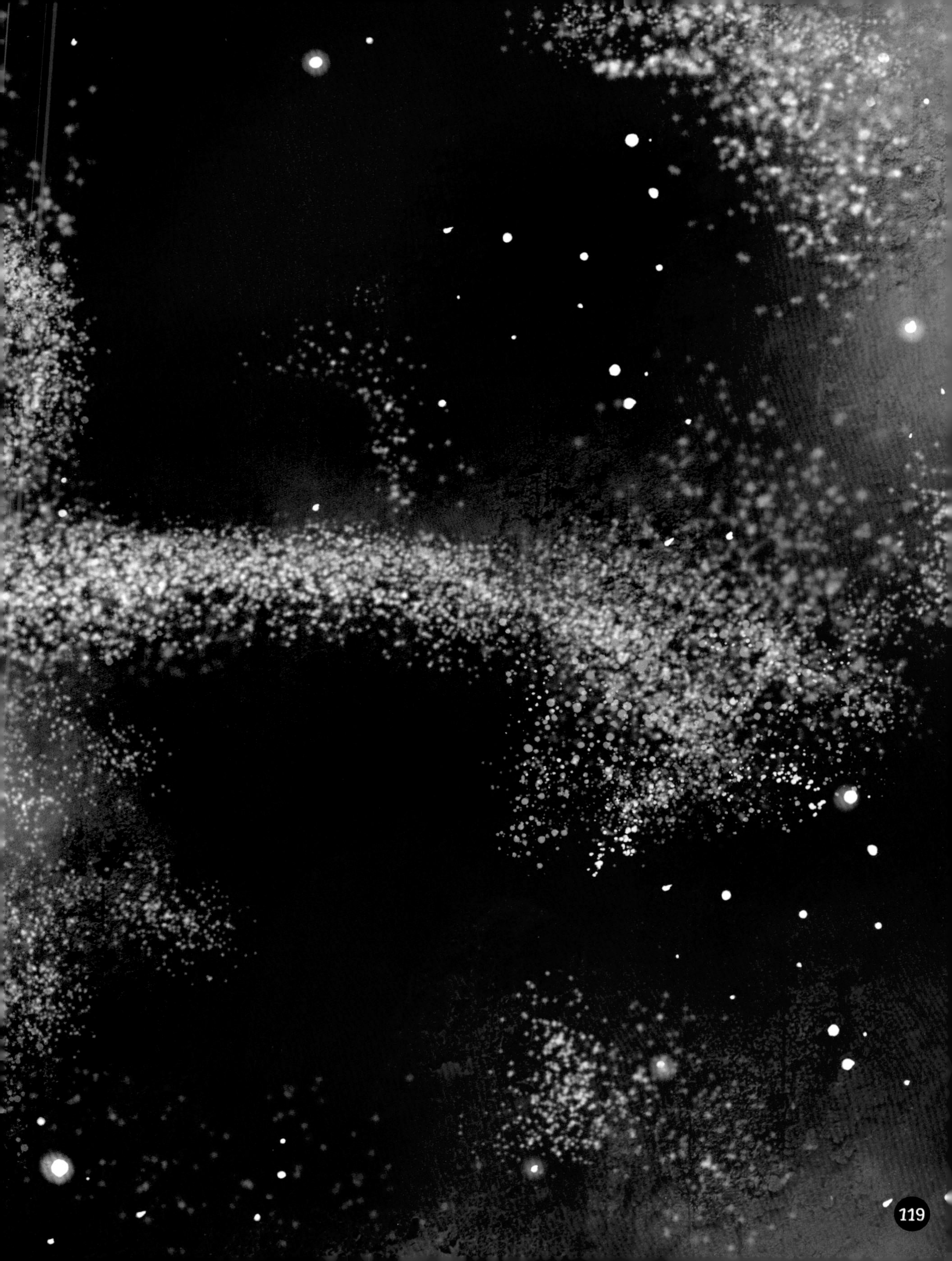

图书在版编目（CIP）数据

从前我们都是星尘吗：太空探索趣味问答 ／（英）
玛吉·阿德林‐波科克（Dr Maggie Aderin-Pocock）著；
王燕平译. -- 上海：上海科学技术出版社，2025. 1.
ISBN 978-7-5478-6944-4

Ⅰ. P159-49

中国国家版本馆CIP数据核字第20241GU784号

First published in English under the title: Am I Made of Stardust?
Written by Dr Maggie Aderin-Pocock
Illustrated by Chelen Écija
Edited by Frances Evans
Designed by Zoe Bradley
Cover design by John Bigwood
Fact-checking by Stuart Atkinson
Additional illustrations by Jade Moore
Text © Dr Maggie Aderin-Pocock 2022
Illustrations and layouts © Buster Books 2022

上海市版权局著作权合同登记号 图字：09-2024-0329 号

从前我们都是星尘吗——太空探索趣味问答

[英] 玛吉·阿德林‐波科克（Dr Maggie Aderin-Pocock） 著
[西班牙] 切伦·埃西哈（Chelen Écija） 绘
王燕平 译

上海世纪出版(集团)有限公司 出版、发行
上海科学技术出版社
（上海市闵行区号景路 159 弄 A 座 9F–10F）
邮政编码 201101　　www.sstp.cn
上海盛通时代印刷有限公司印刷
开本 787×1092　1/16　印张 7.5
字数：60 千字
2025 年 1 月第 1 版　　2025 年 1 月第 1 次印刷
ISBN 978-7-5478-6944-4/N·292
定价：78.00 元